AF586963

NOTICE

SUR LES

OLIVIERS FRAPPÉS DE LA GELÉE,

ET

MOYEN DE CONSERVER LE PLUS GRAND NOMBRE DE CEUX QUE LE FROID N'A PAS ENTIÈREMENT DÉTRUITS;

PAR M. RAIBAUD-L'ANGE,

CORRESPONDANT DU CONSEIL ROYAL D'AGRICULTURE ÉTABLI PRÈS LE MINISTRE DE L'INTÉRIEUR, POUR L'ARRONDISSEMENT DE DIGNE.

A PARIS,

CHEZ Mme. HUZARD, LIBRAIRE;
DELAUNAY, LIBRAIRE, AU PALAIS-ROYAL;
DENTU, LIBRAIRE, AU PALAIS-ROYAL.

1823.

NOTICE

SUR LES

OLIVIERS FRAPPÉS DE LA GELÉE,

ET

LE MOYEN DE CONSERVER LE PLUS GRAND NOMBRE DE CEUX QUE LE FROID N'A PAS ENTIÈREMENT DÉTRUITS.

L'HIVER de 1820 avait été jusqu'au 10 janvier extrêmement doux et humide; le thermomètre se soutenait constamment à 10 et 12 degrés de chaleur pendant le jour lorsque tout-à-coup un froid des plus violens, occasionné par le vent du nord, changea la température, il fit baisser le thermomètre de 10 à 14 degrés au-dessous de la glace, suivant les localités. Ce grand froid ne dura qu'une nuit, et le dégel fut aussi subit que le froid l'avait été : le 14 janvier, c'est-à-dire quatre jours après, la température était au même degré qu'auparavant.

Les oliviers étaient presque par-tout en végétation, le passage subit de la température la plus douce au froid le plus piquant leur fut funeste ; la gelée les atteignit, et le plus grand nombre de ceux qui étaient cultivés dans la Provence ont péri. Dans beaucoup de cantons, il n'est pas resté un seul olivier en vie, dans d'autres on en a conservé quelques-uns ; mais en général les cinq sixièmes de ces arbres ont succombé par suite du froid, et n'ont repoussé que par leurs racines.

A cette époque, le Conseil d'agriculture, placé auprès du Ministre de l'intérieur comme une sentinelle vigilante destinée à surveiller tout ce qui concerne les productions de la terre, prit ce désastre en grande considération. Voulant trouver les moyens d'en déterminer les effets, et d'en prévenir les retours ; pour s'éclairer à cet égard, il invita Son Excellence à demander des renseignemens à MM. les préfets et à MM. les correpondans du Conseil dans les huit départemens où se cultive l'olivier, et d'indiquer principalement ,

1°. Les effets produits sur l'olivier par la gelée ;

2°. Les variétés qui y ont le mieux résisté.

3°. Leurs observations sur les retours plus ou moins fréquens des malheurs du même genre.

Dix-neuf réponses parvinrent au Conseil, M. Bosc, l'un de ses membres, fut chargé d'en faire l'analyse et de proposer un avis.

Il a résumé son rapport en disant que le but de la circulaire de Son Excellence n'avait pas été rempli. Cependant quoiqu'aucun mémoire n'eût atteint le but que s'était proposé le Conseil, comme un grand nombre renfermaient des idés théoriques, et des observations pratiques qui pouvaient être utiles aux propriétaires d'oliviers, il conclut à ce que dix de ces mémoires fussent imprimés et publiés : ce qui a eu lieu.

C'est bien là tout ce que pouvait faire ce Conseil, car en lisant ces mémoires on est loin d'être satisfait : la plupart se contredisent entre eux; aucun ne décrit les effets du froid sur l'olivier; les variétés qui ont résisté dans quelques cantons, ont péri tout à côté; celles qui ont survécu dans les pays les plus froids et loin de la mer, ont été anéanties dans les pays plus chauds et sur ses bords; les qualités qui avaient supporté d'autres gelées ont succombé en 1820; tout est ténèbres et contradictions dans ces écrits : les uns conseillent de ne planter l'olivier que dans les meilleures expositions, et de les cultiver avec le plus grand soin, tandis que dans cette circonstance ceux des plus mauvaises expositions, les plus minces et les moins cultivés, ont généralement résisté. Un correspondant du Conseil attribue au buttage sur les racines la conservation de quelques oliviers de son canton, tandis qu'à Manosque et ses environs, où on les butte avec le plus grand soin, on n'a pas conservé un seul olivier. D'autres prétendent que les froids détruisent l'espèce, tandis qu'il est constant qu'ils la multiplient; car il est prouvé qu'aucune gelée, quelque forte qu'elle soit, ne détruit en entier les racines des oliviers. Les nombreux surgeons qui viennent au pied des arbres qu'on a coupés, donnent un grand nombre de plants qui se vendent à vil prix, ou que le propriétaire plante dans son fond pour ne pas les perdre : ce qui a triplé le nombre des oliviers depuis la grande mortalité de 1709.

Tous les agriculteurs s'accordent seulement en deux points, c'est que le déboisement des montagnes est une des causes principales des fréquentes gelées, et que les arbres greffés sur sauvageon y résistent le mieux; mais il faut plusieurs siècles pour reboiser les montagnes, et lorsqu'on a chez soi, ou tout à côté, de beaux plants, on ne cherche pas à en former par le semis de noyaux qui ne donneront qu'après dix années des sujets bons à planter.

Tous les mémoires publiés sur les oliviers sont donc inutiles pour le but que le Conseil s'était proposé.

Jusqu'à ce jour je n'avais rien écrit sur cet objet si intéressant pour le midi de la France. J'avais seulement observé sur mes oliviers, que la feuille s'était promptement desséchée, que l'écorce se séparait du bois, qu'une couleur brune se montrait sur le liber, qu'elle changeait du vert au jaune et du jaune au gris, et qu'enfin elle se desséchait jusqu'auprès des racines, d'où sont sortis de vigoureux rejetons, dont j'ai débarrassés le tronc un an après. N'ayant pas conservé un seul olivier, je n'ai pu faire aucune autre observation; cependant à quelques lieues de chez moi, dans mon arrondissement, les choses se passaient bien autrement. Un particulier avait trouvé le moyen de conserver presque tous ses oliviers, ou du moins de réparer très-promptement ceux que le froid avait atteints sans les détruire en entier, en les soignant d'une manière toute particulière.

Il est constant aujourd'hui que toutes les peines que l'on pourrait prendre pour préserver les oliviers de la gelée sont parfaitement inutiles. Laissons donc ce soin à la Providence, attachons-nous seulement aux arbres qui, après les grands froids, ne sont pas entièrement privés de vie, cherchons à les conserver et à les réparer promptement par des soins actifs et une culture bien entendue. Il n'y a que cela de réel et de possible, et c'est le but de mon écrit.

Avant tout commençons à faire connaître le fait dont je viens de parler.

M. Joseph Jean, de la commune de Digne, possède dans le quartier des Sieyes un verger de cent oliviers, dont soixante-seize de l'âge d'environ quatre-vingts ans, douze de vingt-cinq, et autant âgés de onze ans. Ce verger est exposé au midi, sur un terrain incliné, pierreux, et abrité par de hautes montagnes; il est entouré d'autres vergers dont les oliviers ne sont qu'à quelques mètres des siens.

Le climat de Digne, ville située au pied des hautes montagnes alpines, est très-froid : c'est le dernier échelon où l'olivier puisse croître; dans cette partie des Alpes, il ne s'élève pas à une grande hauteur, et n'acquiert jamais de fortes dimensions.

En 1815, M. Joseph Jean avait eu deux oliviers atteints par le froid, il en découronna (1) un seul, le cultiva, le fuma,

---

(1) Dans le département des Basses-Alpes, on appelle *découronner* l'opération qu'aux envi-

il eut encore le soin d'arracher tous les rejetons qui se développèrent à son pied ou au bas de ses branches ; il abandonna l'autre à lui-même. Le premier donna promptement des pousses vigoureuses au haut des branches, et au bout de quelques années, il ne différait en rien de ses voisins du même âge ; le second produisit, par les racines, une grande quantité de rejetons, se dessécha, et mourut vers la fin de l'été.

M. Joseph Jean n'est pas un grand théoricien, il cultive lui-même ses propriétés ; mais il a un sens droit, une excellente judiciaire, et il est né observateur.

Guidé par l'expérience qu'il avait faite en 815, lorsqu'en 1820 le froid eut atteint son verger, il résolut de le traiter de la

---

rons de Paris on nomme tantôt *rapprocher*, tantôt *rajeunir :* opération qui consiste à couper les branches de la tête d'un arbre à quelque distance du sommet du tronc.

même manière que l'olivier qu'il avait précédemment garanti de la mort.

Effectivement dès le mois d'avril, époque de la pousse des oliviers, il découronna tous ses arbres, ayant soin de ne couper les branches qu'aux endroits où elles paraissaient le moins atteintes de la gelée. Un bostriche (*bostrichus oleiperda*, Fab.), qui n'attaque que les arbres malades, et qui se manifesta peu de temps après le froid, lui servit en quelque sorte de règle pour cela. Ensuite, lorsque ses arbres eurent repoussé, et seulement l'année d'après, il recoupa jusqu'au vif les tronçons dont l'extrémité était morte, et il redressa ses arbres par la taille (1).

---

(1) Lorsqu'on soumet un arbre à l'opération du rapprochement, il est très-avantageux de conserver quelques petites branches entières, lesquelles, étant pourvues de boutons, attirent la sève, qui s'arrête au bas des plaies faites aux grosses.

Cette opération terminée, M. Jean donna à ses oliviers une bonne culture; il les fuma amplement, comme il a coutume de le faire toutes les années, en enterrant à leur pied des herbes fraîches, ensuite il ébourgeonna ses arbres, et il retrancha chaque huit jours, seulement avec la main, toutes les pousses qui se manifestaient au pied des oliviers, sur leur tronc et même au bas de leurs branches, n'en laissant croître que trois à quatre de celles qui se présentaient plus haut, choisissant les plus vigoureuses et les mieux placées: ces pousses s'élevèrent, dès la première année, à un mètre; la sève était si abondante qu'elle fendit l'écorce de presque toutes les branches sur une assez grande longueur; la seconde année, les pousses s'élevèrent à deux mètres. Il les a arrêtées à-peu-près à cette hauteur, pour ne pas trop élever ses arbres; ils ont porté du fruit cette troisième année, 1822: la récolte a été d'un quart environ de ce qu'ils produisaient avant le froid.

Sur les cent arbres découronnés et traités comme je viens de le dire, les soixante-seize qui étaient les plus âgés ont été tous conservés; il n'est mort que trois de ceux qui avaient vingt-cinq ans; mais il a perdu les douze qui n'avaient que onze ans. Ces quinze oliviers morts n'ont repoussé que par les racines.

Tous ces détails, sur lesquels j'appelle l'attention des agriculteurs des contrées où se cultive l'olivier, m'ont été communiqués par M. Gravier, ancien député des Basses-Alpes, caissier général de la Caisse d'amortissemet, bon Français, zélé pour tout ce qui intéresse le bien public et ses concitoyens; il en a fait recueillir tous les documens sur les lieux, et ils ont été fournis par M. Joseph Jean lui-même.

Je viens de faire connaître un fait pratique des plus intéressans, couronné d'un plein succès, il appartient à la théorie de l'expliquer et de prouver les immenses avantages qu'il peut procurer à la culture des oliviers.

Cette explication est d'autant plus nécessaire que l'on assure qu'après le grand froid de 1709, qui fit périr presque tous les oliviers du midi de la France, un agriculteur de Toulon conserva beaucoup d'arbres, probablement par les soins qu'il leur donna, tandis que ses voisins perdirent tous les leurs. La chose se trouve consignée dans les registres de la ville, mais sans aucun détail. Il faut donc qu'à cette époque on n'ait pas cherché la cause première d'une conservation aussi extraordinaire, et que personne ne l'ait décrite avec les développemens convenables; cependant dans cette circonstance, la mortalité ayant été générale, ce fait isolé a dû faire la plus grande sensation sur les lieux. Le peu de publicité qu'on lui a donné a rendu ses résultats inutiles à l'agriculture, et cette expérience, qui aurait pu servir à conserver une grande partie des oliviers que les froids de 1768, 1789, 1793 et 1815, et en dernier lieu celui de 1820 ont fait périr, a été perdue pour nos pères et pour nous jusqu'à ce jour, parce qu'elle n'a pas été publiée, et que les oliviers n'ayant été gelés que soixante ans après, elle était alors oubliée.

L'olivier conserve sa feuille toute l'année. Quoique délicat, il peut supporter des froids très-rigoureux lorsqu'ils arrivent par degrés, et que l'arbre n'est ni mouillé ni en végétation. Malheureusement le froid survient, quelquefois tout-à-coup, dans l'une ou l'autre de ces circonstances; s'il n'est pas trop vif, il détruit seulement l'organisation des feuilles, ensuite celle du menu bois, puis des petites branches : les plus fortes, le tronc et sur-tout les racines résistent davantage, et ne sont atteints que les derniers, lorsque le froid est à dix degrés au-dessous de la glace; même alors beaucoup d'arbres, sur-tout les plus âgés, ne sont pas entièrement frappés de mort et peuvent encore être conservés en suivant les procédés de M. Joseph Jean.

Pour faire apprécier sa méthode, il est nécessaire d'analyser, avant tout, l'action du froid sur les arbres, action qui n'est pas encore bien connue, et qui n'a été décrite que très-imparfaitement, du moins à ma connaissance.

L'humidité est un des principes constitutifs des plantes, et se trouve dans toutes les parties de leur organisation. Elle est pompée de la terre par les racines, et de l'air par les feuilles et l'écorce. Elle forme la sève qui circule dans l'arbre, montant dans le tronc et descendant entre l'aubier et l'écorce; cette sève est pour les plantes le principe de la vie et de la végétation; elle supplée au sang et au chile des animaux. Au moment de la végétation, lorsque la sève abonde dans toutes les parties de la plante, ou lorsqu'ayant plu, les feuilles et l'écorce, par l'aptitude qu'elles ont à pomper l'humidité, s'en sont imbibées, si le froid et la gelée surviennent, toutes les parties aqueuses logées dans le tissu cellulaire et fibreux des feuilles, de l'écorce et du bois se dilatent, et augmentant de volume par le gel, les compriment, les écartent, les déchirent les brisent et altèrent ainsi toute la constitution de l'arbre.

L'effet de la gelée étant de décomposer instantanément les corps sur lesquels elle exerce son action, détruit les propriétés vitales et végétales de la sève, et au moment du dégel, elle se trouve dans un état de décomposition nuisible, qui affecte toutes les parties de la plante. Cette sève décomposée, descendant entre le corps ligneux et l'écorce, les détache entièrement l'un de l'autre, ce que la gelée avait déjà commencé, et altère le liber, qui est la couche corticale la plus rapprochée de l'aubier.

L'air s'introduit ensuite par les ouvertures multipliées que la gelée a produites dans les arbres, en dilatant tous leurs pores, et dessèche d'abord les feuilles et les petites branches. Cette dessication est si prompte et si rapide qu'on la compare aux effets du feu, et que l'on dit vulgairement: *le froid a brûlé les plantes* ou *les arbres*. En effet, les parties décomposées par la gelée n'ayant plus aucune attraction ni aucune force, criblées de petits trous, cèdent de suite leur humidité à l'action de l'air, comme le feraient des rameaux secs que l'on exposerait à l'action du soleil et du vent après les avoir mouillés.

Le froid, qui frappe d'abord les extrémités des arbres, n'offense que successivement et en augmentant d'intensité les branches moyennes; les plus fortes, ainsi que le tronc, résistent long-temps et sont rarement désorganisées en entier et les racines presque jamais; leur écorce, étant plus épaisse et plus dure, cède plus difficilement à l'action du froid, qui atteint rarement le bois dans ces parties.

Ce que je viens de dire s'applique plus particulièrement aux arbres qu'aux plantes herbacées, sur lesquelles j'ai moins étudié l'action du froid; on peut cependant leur appliquer le même principe: frappées par le froid, il y a lésion dans les fibres et décomposition dans le liquide. Après le dégel, elles se fanent, s'affaissent et pourissent promptement. Cet effet se remarque sur-tout dans les plantes à feuilles charnues : les principes humides, entièrement décomposés, ne pouvant, par leur abondance, être entièrement absorbés par l'air, entrent de suite en fermentation; ce qui occasionne la pourriture. Les herbes peu juteuses se dessèchent comme la feuille des arbres.

Cependant la nature a donné aux plantes herbacées bien des moyens pour résister aux gelées : les unes repoussent l'eau par le vernis de leur épiderme, d'autres par les poils qui les couvrent en entier. Leur substance est formée, suivant quelques auteurs, d'un mucilage analogue à l'albumine d'un œuf, qui les rend moins susceptibles de recevoir les impressions du froid; leurs organes, plus flexibles, se prêtent plus facilement à la dilatation qu'occasionne la gelée, etc. Cela doit être ainsi, puisque j'ai vu des herbes se conserver saines et flexibles dans un glaçon; mais lorsque, étant gelées, le dégel est subit, elles éprouvent, presque toutes, les effets que j'ai décrits.

J'ai déjà dit que les oliviers atteints par le froid ne sont entièrement désorganisés qu'à leur extrémité. Les fortes branches, le tronc sur-tout, enfin tout ce qui n'ayant pas été subitement desséché, conserve sa verdure et sa fraîcheur, est encore en vie ou seulement plus ou moins malade. L'altération qui existe dans ces parties se manifeste par le défaut d'adhérence de l'écorce au bois et par une couleur plus ou moins brune que l'on apperçoit sur le liber. Cette altération, lorsqu'elle n'est pas avancée, n'est pas toujours l'avant-coureur d'une mort certaine et prompte, mais le symptôme d'une maladie grave. Des chênes verts, sur lesquels je l'avais remarquée au printemps de 1820, ont repoussé par toutes leurs branches et n'ont perdu que leurs rameaux; mais elle oppose un obstacle au mouvement de la sève, qui est encore augmenté par la conformation particulière de la racine des oliviers : différente de celle des autres arbres, elle lui donne une grande tendance à se reproduire de ce côté. En effet cette racine n'est autre chose qu'une masse compacte, quelquefois très-volumineuse, et qui s'éleve au-dessus de la terre, sur-tout dans les arbres vieux, remplis de tubercules, d'où sortent chaque année une infinité de jets que l'on retranche ordinairement, mais dont on laisse croître les plus beaux et les plus éloignés du tronc lorsqu'on veut se procurer des sujets pour renouveler un olivier atteint de quelque maladie.

La difficulté que la sève éprouve à s'élever des racines dans les parties malades d'un arbre frappé par la gelée, le peu d'humidité qu'une écorce plus ou moins désorganisée peut aspirer de l'air, ne feraient souvent que retarder la végétation des arbres, si on ne laissait pas croître ces jets nombreux, qui, après le froid, sortent de toutes les parties de la racine et forment en peu de temps de grands buissons autour des troncs. Ces jets, qui ne sont autre chose que des gourmands vigoureux, absorbent la sève montante et en affamant un arbre déjà bien malade, le forcent à succomber (1).

---

(1) Cette théorie est celle que M. Bosc a établie, dans le *Nouveau Dictionnaire d'agriculture,* pour un cas presque semblable, c'est-à-dire la mort de la tête des arbres des routes exagé-

Dans une circonstance aussi grave, il semble naturel que l'homme doit venir

---

rammment élagués presque par-tout. Voici ce qu'il dit au mot ELAGAGE :

« Les arbres habituellement élagués risquent de perdre leur tête lorsqu'on ne continue pas à les élaguer, et c'est un des faits que les entrepreneurs d'élagages ne manquent pas de citer lorsqu'on veut mettre des bornes à leur nuisible activité : la cause en est dans la production des nouveaux bourgeons, lesquels, étant tous ou presque tous des gourmands, absorbent la sève avant qu'elle soit montée au sommet de l'arbre, qui par conséquent meurt d'inanition; le remède est facile, mais n'est jamais indiqué par les élagueurs : c'est de couper, l'hiver suivant, tous les bourgeons à six ou huit pouces du tronc, et de répéter cette opération deux ou trois années de suite en allongeant toujours. Alors la sève, se trouvant trop déviée dans les rameaux du tronc, monte jusqu'au haut de l'arbre, et donne une nouvelle amplitude à ceux de la cime, qui *renouvellent sa tête* comme on dit communément. »

Il ajoute qu'il arrive souvent que les abrico-

promptement au secours de ses oliviers : point du tout, on suit presque par-tout une méthode absurde et étrange à cet égard, digne des temps les plus barbares et qui fait honte aux lumières du siècle. Le propriétaire d'oliviers, comme étourdi par un malheur qui le ruine, semblable au bûcheron qui jette le manche après la cognée qui vient de s'en détacher, désespère de ses oliviers aussitôt que le froid les a touchés et les abandonne à la nature qui, certes, ne leur est pas favorable; il se garde bien de les cultiver, encore moins de les fumer; si quelques personnes les découronnent, le plus grand nombre les laisse sans leur rien faire, jusqu'à ce qu'ils aient repoussé, et à défaut, jusqu'au printemps de la deuxième année:

---

tiers greffés sur pruniers et plantés dans un sol humide, des cerisiers provenant d'accrus et plantés dans un sol sablonneux poussent naturellement un si grand nombre de rejetons que leur tronc périt.

en attendant on n'oserait pas toucher aux jets qui sortent très-promptement des racines; ils sont la consolation et le dernier espoir du propriétaire, qui, s'aveuglant sur ses véritables intérêts, laisse périr un arbre tout formé, pour conserver de faibles surgeons. Il existe, à cet égard, une préjugé nuisible, si invétéré, que l'on suppose gratuitement et sans avoir fait aucune expérience à cet égard, qu'en retranchant les bourgeons des racines d'un arbre qui a souffert du froid, l'abondance de la sève étoufferait ce qui reste de vie dans cette partie de l'arbre. M. Joseph Jean s'est élevé au-dessus de ce préjugé : analysons ses opérations.

D'abord, il taille ses arbres de manière à leur enlever toutes les parties mortes ou fortement intéressées, qui auraient nui à la partie moins malade, en partageant avec elle le peu de sève que l'arbre pouvait leur fournir; ensuite il les cultive avec le plus grand soin; il les fume amplement pour provoquer le développement d'une plus grande quantité de sève ; enfin il extirpe tous les bourgeons qui pourraient faire dévier cette sève. Il supposait, avec raison, qu'en opérant ainsi il la forcerait à remonter dans ses anciens canaux, dont la force d'absorption avait été affaiblie par l'effet de la gelée ; que ce suc réparateur, ce baume vivifiant circulerait et rétablirait les arbres dans leur pleine et entière végétation. Cette pratique a obtenu un grand succès : M. de Joseph Jean a conservé tous ses arbres âgés, les plus jeunes seuls ont péri; la méthode dont il s'est servi est donc le résultat de son intelligence, conforme à la saine théorie. On m'objectera peut-être que le climat de Digne étant très-froid, les oliviers de M. Joseph Jean étaient probablement moins en sève que ceux des autres parties de la Provence, et que par conséquent les arbres ont été moins endommagés par la gelée, et par suite plus susceptibles d'être conservés, cela est très-possible; mais ce qui est très-certain et bien prouvé, c'est que M. Jean a perdu bien moins d'arbres que ses voisins, quoique leurs oliviers fussent de la même espèce, sur le même coteau et à la même exposition; que ceux qu'il a conservés ont été promptement réparés, tandis que le petit nombre que ses voisins ont conservés sont encore faibles et languissans. Sa méthode est donc excellente et doit toujours être mise en pratique.

Il pourrait cependant arriver que, dans d'autres circonstances, le froid étant plus intense ou plus long-temps continué, il désorganisât tellement les arbres, que leur conservation, par ce procédé, devînt plus chanceuse : on ne doit pas moins l'employer, parce qu'il est impossible de connaître de suite le degré du mal, et que sur le nombre il doit se trouver nécessairement quelques arbres moins attaqués, sur lesquels ce procédé produira son effet. On ne perd, pour cela, que les rejetons d'une année ; et peut-on comparer cette perte à la conservation pleine et entière du tiers, du quart, ne fût-ce que du dixième, d'un arbre si long à se reproduire?

Je ferai, à cet égard, une observation importante : lorsque le froid atteint des arbres, les plus vieux résistent mieux que les jeunes, qui périssent toujours les premiers, ainsi que l'a prouvé l'expérience de M. Joseph Jean. Si cependant les arbres âgés périssent, comme les jeunes, dans les hivers rigoureux, ne pourrait-on pas alors attribuer leur mort à quelque maladie particulière dont ils seraient attaqués et sur-tout à l'élévation de leurs racines au-dessus de la terre et à leur grand volume, d'où sortent un plus grand nombre de gourmands, qui font dévier plus facilement la sève et l'empêchent de remonter dans le tronc de l'arbre malade? La méthode de M. Jean est alors d'autant plus précieuse, qu'elle tend principalement à la conservation des plus beaux de ces arbres, de ceux qui sont les plus productifs : les jeunes présentent bien moins d'intérêt. Si les vergers plantés depuis peu d'années, dont les oliviers ont encore l'écorce mince et tendre, sont plus facilement désorganisés par le froid, ils sont aussi reproduits en peu de temps.

La méthode qu'a pratiquée M. Joseph Jean, de fumer ses oliviers lorsqu'ils furent atteints par le froid, avec une grande quantité d'herbes fraîches, est admirable. Certainement du fumier bien consommé serait préférable, si l'on pouvait arroser pendant tout l'été les arbres fumés de cette manière, comme on le fait dans quelques contrées; mais ordinairement les oliviers sont cultivés sur des coteaux très-éloignés des eaux, et le midi de la France éprouve souvent de si longues sécheresses, que l'arrosage serait aussi difficile que dispendieux. On a vu des années où, depuis le mois de mai jusqu'au mois d'octobre, il ne tombait pas une goutte d'eau : l'été de 1820 offrit ce phénomène, et la grande sécheresse nuisit autant et peut-être plus que le froid aux oliviers. Si à cette époque on a conservé un plus grand nombre d'oliviers dans les expositions du nord que dans celles du midi, c'est d'abord qu'ils étaient moins en sève et qu'ensuite ils ont moins souffert, par leur situation, de la chaleur et de la sécheresse pendant l'été. Cela est si vrai que beaucoup d'oliviers, après avoir poussé, dans le printemps, un grand nombre de bourgeons sur les branches, et qu'on croyait sauvés, se sont desséchés à la fin de l'été.

Dans les pays que l'on ne peut pas arroser facilement, cette espèce de fumage devient absolument nécessaire aux oliviers atteints de la gelée : des herbes fraîches, qui ne peuvent se décomposer que lentement dans une terre sèche, entretiennent long-temps une humidité salutaire au pied des arbres malades, ce qui doit favoriser leur rétablissement; et cette méthode de M. Joseph Jean doit avoir coopéré à la conservation de ses arbres presque autant que ses autres pratiques.

Je proposerai encore quelques améliorations au procédé de M. Jean : les agriculteurs expérimentés n'ignorent pas que la coupe d'une branche, sur un arbre déjà formé, lui est toujours plus ou moins nuisible, si l'on ne prend la précaution de couvrir cette plaie d'une manière quelconque. L'écorce se dessèche jusqu'à une certaine distance de la coupe, le bois se dessèche aussi, de plus il se fendille dans tous les sens, et l'humidité qui s'insinue par ses ouvertures le pourrit à la longue : c'est par ce motif que la plus grande partie des oliviers qui résistèrent au froid de 1709 ont aujourd'hui tout l'intérieur de leur tronc creusé.

Si de grandes cicatrices laissées à nu

sur un arbre sain lui sont nuisibles, à plus forte raison ces cicatrices, multipliées sur un arbre très-malade, doivent lui faire beaucoup de tort. Je proposerai donc d'appliquer sur la coupe des arbres découronnés d'abord de l'argile, pour éviter toute dépense inutile; ensuite, lorsque les arbres ont repoussé, et qu'on recoupe les branches jusqu'au vif, d'y appliquer de la poix à greffer, qui n'est autre chose qu'un mélange de deux tiers de résine ordinaire avec un tiers de cire jaune, que l'on emploie complétement fondue, et sans être trop chaude. Cette poix, adhérant fortement sur le bois et couvrant les extrémités de l'écorce coupée, favorise le développement du bourrelet et empêche pour toujours l'air et l'humidité de nuire au corps ligneux.

Après le froid de 1820, j'ai observé, dans mes vergers, des oliviers dont l'écorce avait conservé, jusqu'à une certaine hauteur, sa fraîcheur et sa verdure et qui ne se sont desséchés qu'au commencement de l'été de l'année suivante 1821. Il est probable que les parties saines de l'olivier communiquent de proche en proche leur principe de vie à celles qui, atteintes par le froid, n'ont éprouvé qu'un commencement d'altération; ce qui aurait pu rétablir la végétation dans cette partie, si mes arbres avaient été ébourgeonnés et n'eussent pas souffert de la grande sécheresse de l'été. Si de pareils arbres, traités d'après la méthode de M. Jean, tardaient trop à repousser, ce qui pourrait provenir du tissu d'une écorce offensée par le froid, ou seulement trop dure et trop épaisse, sur laquelle la sève ne pourrait développer aucun bourgeon, ce qui les force à périr, je conseillerais d'introduire dans cette écorce des germes artificiels, au moyen de la greffe à écusson ou à emporte-pièce (1), si on

(1) La greffe à écusson s'applique difficile-

avait le moyen de se procurer des greffes. Cette méthode est connue en agriculture et je l'ai pratiquée avec succès sur des arbres fruitiers et même sur des oliviers nouvellement plantés, ou découronnés, pour renouveler leur tête, qui tardait trop à pousser, et qui seraient morts sans cette précaution, comme cela m'est arrivé, par la négligence de mes fermiers et l'inexécution de mes ordres.

Pour faire mieux apprécier le service que M. Joseph Jean a rendu aux départemens qui cultivent l'olivier, il est nécessaire d'entrer dans quelques détails sur les difficultés que l'on éprouve pour reproduire ces arbres lorsqu'on les a perdus.

L'olivier est un des arbres fruitiers les plus longs à croître : qu'il soit planté ou reproduit par la racine d'un arbre coupé,

---

ment aux arbres dont l'écorce est épaisse : c'est pourquoi, dans ce cas, on doit préférer celle à emporte-pièce.

il ne commence à donner du fruit qu'après cinq ou six ans, et ce produit est si peu abondant qu'avant vingt années il couvre rarement les frais de culture et d'entretien : aussi l'on dit en Provence que *l'olivier profite aux petits-enfans, le châtaignier aux enfans et le mûrier à celui qui l'a planté*. Si cet arbre est long à venir, du moins il a l'avantage de subsister pendant des siècles. Le terme de sa vie est inconnu : Pline a vu des oliviers plantés par Scipion l'Africain, et Bouclu l'ancien, dans son *Histoire de Provence*, parle d'un arbre qui avait neuf ou dix siècles de vie, et dont le tronc creusé logeait toute une famille et même un cheval ; on trouve encore en Provence, dans quelques cantons privilégiés, principalement à St.-Laurent-du-Var, des oliviers qui, ayant survécu au froid de 1709, doivent avoir plusieurs centaines d'années, et dont les dimensions sont monstrueuses. A cette époque de 1709, presque tous les oliviers de la Provence furent tués par la gelée; leurs rejetons, dont une grande partie ont péri par le froid de 1820, quoique âgés de cent onze années, prenaient encore de l'accroissement: c'était déjà de beaux arbres, mais on ne pouvait encore les regarder que comme de jeunes oliviers, en les comparant avec ceux de St.-Laurent, antérieurs à 1709.

Quoique l'olivier ne produise rien, ou du moins très-peu de chose, pendant long-temps; néanmoins, comme il exige beaucoup de soins et de dépenses d'entretien, la terre qui le porte acquiert successivement, et d'année en année, une plus grande valeur : je ne puis faire apprécier la chose qu'en citant un fait de cette nature que je trouve dans les papiers de ma famille.

En 1712, trois années après le froid, mon bisaïeul acheta, dans le terroir de Grasse, département du Var, pour quatre mille francs, une terre d'environ huit arpens entièrement complantés en oliviers, qui, ayant tous péri par la gelée, avaient repoussé par leurs racines. A sa mort, qui eut lieu seize années après, cette terre fut portée pour six mille francs dans sa succession ; en 1767 mon grand-père la remit à son fils aîné (mon père), en le mariant, pour une valeur de douze mille francs; ce dernier la vendit quinze mille francs en 1775; avant le froid de 1720 elle était estimée trente mille francs: aujourd'hui, quoique depuis 1712 les propriétés foncières aient doublé de valeur, cette terre, dont les oliviers ont encore péri, aurait peine à se vendre huit mille francs, et encore cette valeur ne serait pas entièrement pour le fond, mais pour des espérances éloignées.

Le Gouvernement n'étant pas assez riche pour dédommager les propriétaires d'oliviers des pertes incalculables qu'ils ont dernièrement éprouvées, ne devait-il pas, dans sa justice, libérer de l'impôt foncier, pendant un certain nombre d'années, les terres qui les portaient ? La plupart de ces terres, cadastrées peu de temps avant la gelée, ont été estimées d'après leur valeur d'alors, il leur faut cent onze ans pour acquérir de nouveau et progressivement cette même valeur : c'est donc une injustice bien grande et bien manifeste de les soumettre à l'impôt pour une valeur de produit qu'elles n'ont plus, et qu'elles ne pourront même pas acquérir dans l'espace d'un siècle. Cette injustice peut seule empêcher la propagation de l'olivier et dégoûter les propriétaires de leur culture.

Ce que je dis des oliviers ne concerne que les pays de grande culture, tels que ceux de Grasse, Toulon, Hières et autres, où la gelée atteint rarement ces arbres ; mais dans les terroirs plus froids, où les oliviers ne croissent que difficilement, et où ils sont fréquemment détruits par des hivers rigoureux, tels que ceux d'Aix, de

Salon et autres semblables, on supplée par le nombre à la grandeur des arbres ; aussi on n'a que de petits oliviers qui, venant à périr, sont reproduits dans vingt ou trente années ; mais dans ces pays, quoique l'olivier donne plustôt des fruits, la récolte des olives est presque toujours secondaire. On plante rarement des oliviers en verger dans les bonnes terres céréales, ils ne s'y trouvent le plus souvent qu'en hors-d'œuvre et sur les lisières des propriétés.

Par le peu d'intérêt que le Gouvernement et les Chambres ont mis, en 1820, à la mort des oliviers, il est probable que l'on n'a considéré la chose que sous ce dernier rapport.

Lorsque le froid, en détruisant, dans nos départemens méridionaux, à des époques assez rapprochées, un arbre aussi précieux que l'olivier, ruine une quantité innombrable de familles, que sa propriété, ses produits ou sa culture faisaient vivre, quelle reconnaissance ne doit-on pas à un agriculteur modeste et ignoré, qui, par des expériences qu'a dirigées son intelligence, et que ses mains ont exécutées, est parvenu à nous donner des moyens faciles et peu dispendieux de conserver dans beaucoup de circonstances et sur-tout de réparer très-promptement un arbre riche, difficile à reproduire, et que jusqu'à ce jour on laissait périr, faute de soins, lorsqu'il avait été frappé par la la gelée ! Il faut espérer que le Gouvernement lui donnera, dans sa munificence, des témoignages réels de la reconnaissance publique.

Une récompense qui serait accordée à M. Joseph Jean, aurait un but d'utilité générale, qu'un souverain aussi éclairé que le nôtre ne peut manquer d'apprécier. Elle encouragerait à publier des méthodes pratiques d'une application rare, mais qui peuvent, dans quelques circonstances, devenir du plus grand intérêt, et qui souvent meurent avec ceux qui les ont découvertes, pour n'en avoir fait l'application qu'une fois. Certainement si le propriétaire des environs de Toulon, qui conserva ses oliviers après la mortalité générale de 1709, avait espéré une récompense de sa découverte, il se serait empressé de la faire connaître, et la plus grande partie des oliviers qui ont péri dans les six hivers rigoureux qui ont eu lieu depuis cette époque seraient encore existans.

FIN DE LA NOTICE.

RAPPORT

Fait à la Société royale et centrale d'Agriculture, séance du 19 *janvier* 1823, *par M.* Bosc, *l'un de ses membres, sur un moyen de conserver la vie aux oliviers frappés de la gelée.*

L'olivier qui, depuis tant de siècles, fait la richesse du midi de la France, semble vouloir nous retirer ses dons : non-seulement la zone où il croissait s'est rétrécie ; mais, depuis 1709, année fatale pour lui, il est et plus fréquemment et plus fortement atteint par les gelées dans celle où il subsiste encore.

Chercher les moyens de retarder le moment où cet arbre précieux ne pourra plus être cultivé utilement sur notre territoire, est donc du devoir de tous les Français :

aussi, après la gelée du 12 janvier 1820, qui fit périr tous les jeunes pieds et la plus grande partie des vieux, le Gouvernement, les Sociétés d'agriculture, et beaucoup de particuliers ont-ils provoqué des écrits sur les moyens de diminuer les funestes suites de cet événement.

Mais pendant que le Gouvernement excitait le zèle de MM. les préfets et de MM. les correspondans du Conseil d'agriculture, que les sociétés savantes dissertaient sur cet important objet, un petit propriétaire illettré, M. Joseph Jean, agissait aux portes de Digne, département des Basses-Alpes, et résolvait le problème.

Le procédé de ce cultivateur est resté inconnu pendant plus de trois ans et l'eût peut-être toujours été, comme celui trouvé, il y a un siècle, aux environs de Toulon, si M. Gravier, caissier général de la caisse d'amortissement, et M. Raibaud-l'Ange, correspondant du Conseil d'agriculture, propriétaire, aux environs de Digne, d'oliviers qu'il a tous perdus, ne l'avaient fait connaître à la Société, par un mémoire parfaitement bien rédigé par ce dernier, et en concordance avec les principes de la physiologie végétale; mémoire aux résultats duquel la Société a dû applaudir.

Il est en effet constaté par ce mémoire, que M. Joseph Jean, encouragé par un heureux essai comparatif, fait sur deux oliviers frappés de la gelée en 1815, coupa la tête à quelque distance du tronc, à tous ceux de ces arbres qu'il avait conservés, peu après qu'ils l'eurent été par celle de 1820, et de suite enfouit des herbes vertes sur leurs racines, pour les entretenir humides; qu'il supprima rigoureusement, à mesure qu'ils se montrèrent, les rejets sortant des racines, ce qui a forcé la sève, restée abondante et ne se perdant pas dans les rejets, à monter, comme auparavant, dans le tronc, et à développer de nouvelles branches à son sommet.

Au moyen de ces trois opérations, dont la première est fréquemment pratiquée, mais dont les deux dernières sont exclusivement propres à M. Joseph Jean, et rendent certains les effets de la première, ce cultivateur est parvenu à sauver quatre-vingt-cinq des cent oliviers qu'il possédait, c'est-à-dire tous les vieux; tandis que ses voisins ont perdu une grande partie des leurs, et que ceux qui leur restent sont encore souffrans.

Ce succès est attesté non-seulement par MM. Gravier et Raibaud-l'Ange, mais encore par M. Jaubert de Passa, correspondant du Conseil et de la Société.

Si tous les propriétaires d'oliviers eussent opéré, en 1820, comme M. Joseph Jean, un grand nombre d'entre eux jouiraient encore de la majeure partie de leur revenu, la France aurait conservé un immense capital, susceptible d'un incalculable accroissement.

La Société royale et centrale, appréciant toute l'importance dont doit être, à l'avenir, pour le midi de la France, la découverte de M. Joseph Jean, et désirant témoigner à M. Raibaud-l'Ange combien elle a pris d'intérêt à la lecture de son mémoire, a arrêté :

1°. Que sa grande médaille d'or serait remise au premier, et un exemplaire d'Olivier de Serres offert au second, dans sa séance publique du 6 avril 1823;

2°. Que le mémoire de ce dernier serait imprimé dans le Recueil des siens, et dans les *Annales d'Agriculture*.

FIN.

IMPRIMERIE DE MADAME HUZARD
(née VALLAT LA CHAPELLE.)

www.ingramcontent.com/pod-product-compliance
Lightning Source LLC
LaVergne TN
LVHW012013160826
845678LV00002B/807
* 9 7 8 2 3 2 9 6 6 5 9 9 3 *